BEI GRIN MACHT SICH IHR WISSEN BEZAHLT

- Wir veröffentlichen Ihre Hausarbeit,
  Bachelor- und Masterarbeit

- Ihr eigenes eBook und Buch -
  weltweit in allen wichtigen Shops

- Verdienen Sie an jedem Verkauf

Jetzt bei www.GRIN.com hochladen und kostenlos publizieren

Kristina Richartz

Die Komponenten der Bevölkerungsentwicklung: Entwicklung und Prognose von Fertilität und Migration

GRIN Verlag

Bibliografische Information der Deutschen Nationalbibliothek:

Die Deutsche Bibliothek verzeichnet diese Publikation in der Deutschen National-
bibliografie; detaillierte bibliografische Daten sind im Internet über http://dnb.d-
nb.de/ abrufbar.

Impressum:

Copyright © 2005 GRIN Verlag GmbH
Druck und Bindung: Books on Demand GmbH, Norderstedt Germany
ISBN: 978-3-638-72418-0

Dieses Buch bei GRIN:

http://www.grin.com/de/e-book/40618/die-komponenten-der-bevoelkerungsent-
wicklung-entwicklung-und-prognose

GRIN - Your knowledge has value

Der GRIN Verlag publiziert seit 1998 wissenschaftliche Arbeiten von Studenten, Hochschullehrern und anderen Akademikern als eBook und gedrucktes Buch. Die Verlagswebsite www.grin.com ist die ideale Plattform zur Veröffentlichung von Hausarbeiten, Abschlussarbeiten, wissenschaftlichen Aufsätzen, Dissertationen und Fachbüchern.

Besuchen Sie uns im Internet:

http://www.grin.com/

http://www.facebook.com/grincom

http://www.twitter.com/grin_com

UNIVERSITÄT ZU KÖLN

Seminar für Wirtschafts- und Sozialstatistik

Hauptseminar im Sommersemester 2005

Themenbereich I:
Statistische Ansätze zur Bevölkerungsprognose

Thema 2:

Die Komponenten der Bevölkerungsentwicklung II:
Entwicklung und Prognose von Fertilität und Migration

Vorgelegt von:
Kristina Richartz
6. Semester BWL

Gliederung

Die Komponenten der Bevölkerungsentwicklung

Entwicklung und Prognose von Fertilität und Migration

Seite

Zusammenfassung   3

1. Einleitung   5
   Bedeutung von Fertilität und Migration für die Bevölkerungsentwicklung

2. Methoden zur Messung von Fertilität und Migration   6
   2.1 Rohe Geburtenrate   7
   2.2 Allgemeine und Totale Fertilitätsrate   7
   2.3 Brutto- und Nettoreproduktionsrate   8
   2.4 Wanderungssaldo   10

3. Entwicklung von Fertilität und Migration   10
   3.1 Entwicklung von Fertilität und Migration in Deutschland im 20. Jahrhundert   10
   3.2 Folgen der sinkenden Fertilität   12
   3.3 Gründe für die sinkende Fertilität in Deutschland   14
   3.4 Wanderungssaldo als Ausgleich für die sinkende Fertilität?   15

4. Prognose von Fertilität und Migration in Deutschland   17

5. Fazit   20

Literaturverzeichnis   21

Zusammenfassung   **Kristina Richartz**

Die Komponenten der Bevölkerungsentwicklung

Entwicklung und Prognose von Fertilität und Migration

Im Rahmen dieser Arbeit wird die Bevölkerungsentwicklung an Hand von Fertilität und Migration insbesondere in Deutschland untersucht. Vorab werden verschiedene Maße zur Berechnung von Fertilität und Migration dargestellt. Im Anschluss findet eine Auswertung geeigneter Studien statt, die sowohl auf die Entwicklung von Fertilität und Migration in Deutschland in der Vergangenheit eingehen, als auch Prognosen für die Zukunft berechnen.

Im zweiten Kapitel werden sechs verschiedene Fertilitätsmaße sowie der Wanderungssaldo vorgestellt. Die Fertilitätsmaße bauen alle aufeinander auf. Die hier vorgestellten entsprechen den in der Literatur geläufigsten. Begonnen wird mit dem einfachsten und am meisten verbreiteten Maß, der rohen Geburtenrate. Diese wird in einem zweiten Schritt zur allgemeinen Fertilitätsrate erweitert, indem nicht mehr alle Personen, sondern nur noch Frauen im gebärfähigen Alter als Bezugswert genommen werden. Anschließend findet die Einführung des ersten kumulierten Fertilitätsmaßes, der totalen Fertilitätsrate statt. Diese stellt sich als Addition einzelner allgemeiner Fertilitätsraten dar. Im letzten Schritt werden dann zwei Reproduktionsmaße erläutert, die Brutto- und Nettoreproduktionsrate. Die Bruttoreproduktionsrate baut wieder auf der allgemeinen Fertilitätsrate auf. Dieses Mal wird allerdings die Einschränkung vorgenommen, dass nur weibliche Nachkommen von Bedeutung sind. Die Nettoreproduktionsrate hingegen setzt sich anders zusammen. Sie hat den Vorteil, dass auch die Sterblichkeit Einfluss nimmt auf das Ergebnis, welches somit realitätsnäher ist.

Im dritten Kapitel wird die Entwicklung von Fertilität und Migration in Deutschland in der Vergangenheit betrachtet und Gründe für die sinkende Fertilität und deren Folgen diskutiert.

Deutschland hat die typische Entwicklung eines Industriestaates durchlaufen. Bereits zu Beginn des 20. Jahrhunderts fand der erste demographische Übergang statt. Nach dem 2. Weltkrieg folgten dann die Merkmale eines wohlhabenden Industrielandes: sinkende Fertilität, alternde Bevölkerung, steigende Zuwanderungszahlen. Durch die Babyboom-Generation und deren Nachkommen, sowie den positiven Wanderungssaldo stieg die Bevölkerungszahl bis Ende der 1990er Jahre weiter an. Doch seitdem stagniert sie. Die Fertilität sollte die Mortalität eines Landes übersteigen, so dass Generationen vollständig ersetzt werden können. Dies ist in Deutschland seit den 1970er Jahren nicht mehr der Fall. Seitdem ist die zusammengefasste Geburtenziffer, die durchschnittliche

Zahl Kinder, die eine Frau lebend zur Welt bringt, kleiner als 2,1, dem Wert der zur vollständigen Ersetzung einer Generation notwendig ist. Sie liegt heute bei 1,4 Kindern pro Frau. Die Folge dieser sinkenden Fertilität ist die Überalterung der Gesellschaft, da auch die Lebenserwartungen ständig ansteigen. Dies führt zu erheblichen wirtschaftlichen und politischen Problemen. Gerade die Rentenkassen tendieren gegen Null, da die Rentnergenerationen immer größer werden, aber keine jungen Beitragszahler nachwachsen. Ebenso leiden viele andere wirtschaftliche Zweige unter der alternden Bevölkerung.

Im vierten Kapitel werden Prognosen über die zukünftige Bevölkerungsentwicklung Deutschlands analysiert. Für die Zukunft wird eine sinkende Bevölkerungszahl prognostiziert, da auch der positive Wanderungssaldo langfristig diese geringe Geburtenziffer nicht ausgleichen kann. Die Folgen der sinkenden Fertilität nehmen immer weiter zu. Die Bevölkerung Deutschlands wird immer älter und die daraus resultierenden wirtschaftlichen Probleme, insbesondere Rentenprobleme verschärfen sich. Selbst im besten prognostizierten Fall schrumpft die Bevölkerung. Es müssen also Lösungen gefunden werden, um diese Probleme aufzuhalten. Man muss jetzt schon der zukünftigen Entwicklung entgegen arbeiten, da sie unvermeidbar ist. Statistische Prognosen sind viel zu zuverlässig, als dass auf eine andere Entwicklung der Bevölkerungszahlen gehofft werden könnte.

In dieser Arbeit wird deutlich wie wichtig die Bevölkerungsvorausberechnungen sind. Nur wenn frühzeitig verlässliche Entwicklungsprognosen zur Verfügung stehen, können rechtzeitig wichtige Schritte zur Problembekämpfung eingeleitet werden. Gerade Politik und Wirtschaft sind von diesen Prognosen abhängig. Die Rentenkassen können langfristig nur ausgeglichen sein, wenn schon vor der tatsächlichen Überalterung der Bevölkerung nach Lösungen gesucht wird. Doch dazu muss diese Überalterung durch Prognosen offensichtlich werden. Gerade statistische Maße sind in diesem Zusammenhang unerlässlich.

Die Komponenten der Bevölkerungsentwicklung

Entwicklung und Prognose von Fertilität und Migration

1. Einleitung

Im Rahmen dieser Arbeit wird die Bevölkerungsentwicklung an Hand von Fertilität und Migration insbesondere in Deutschland untersucht. Vorab werden verschiedene Maße zur Berechnung von Fertilität und Migration dargestellt. Im Anschluss findet eine Auswertung geeigneter Studien statt, die sowohl auf die Entwicklung von Fertilität und Migration in Deutschland in der Vergangenheit eingehen, als auch Prognosen für die Zukunft berechnen.

Bevölkerungsentwicklung ist in der Literatur gerade seit Mitte des 20. Jahrhunderts ein viel diskutiertes Thema, nicht nur in Deutschland, sondern weltweit. Die natürliche Bevölkerungsbewegung wird durch die zwei wesentlichen Komponenten Fertilität (Fruchtbarkeit) und Mortalität (Sterblichkeit) definiert (vgl. Bähr 1997, S. 174). Doch gerade in den Industriestaaten und auch in Deutschland trägt diese natürliche Bevölkerungsbewegung seit den Babyboom-Jahren kaum noch zur Veränderung der Bevölkerungszahl bei. Viel mehr ist eine dritte Komponente wesentlich entscheidend, der Migrationssaldo (vgl. Bähr 1997, S. 10). Industriestaaten stellen begehrte Einwanderungsländer für Arbeitsmigranten, Asylbewerber und Flüchtlinge dar. In (West-)Deutschland herrscht seit dem zweiten Weltkrieg überwiegend ein positiver Migrationssaldo, d. h. die Zahl der Einwanderer überwiegt die Zahl der Auswanderer (vgl. Münz u. a. 1997, S. 38). Dieser positive Migrationssaldo hat eine wichtige Bedeutung für Deutschland, da er die sinkende Fertilität teilweise ausgleicht. Somit wird das Eintreten der mit sinkender Fertilität verbundenen Probleme verlangsamt. Man hat mehr Zeit nach Lösungen zu suchen.

Trotzdem bleibt die Fertilität einer Bevölkerung weiterhin die wichtigste Komponente in der Bevölkerungsentwicklung. Die Fertilität sollte die Mortalität eines Landes übersteigen, so dass Generationen vollständig ersetzt werden können. Dies ist in Deutschland seit den 1970er Jahren nicht mehr der Fall. Seitdem ist die zusammengefasste Geburtenziffer, die durchschnittliche Zahl Kinder, die eine Frau lebend zur Welt bringt, kleiner als 2,1, dem Wert der zur vollständigen Ersetzung einer Generation notwendig ist (vgl. Statistisches Bundesamt 2003, S.11). Nach Wood (1994) ist es wichtig Fertilität von Fruchtbarkeit zu unterscheiden. Fertilität ist demnach die Geburt eines lebenden

Kindes, während Fruchtbarkeit die biologische Fähigkeit einer Schwangerschaftsempfängnis darstellt [1].

2. Methoden zur Messung von Fertilität und Migration

Zur Prognose zukünftiger Bevölkerungszahlen ist das Verhältnis zwischen Fertilität, Mortalität und Migration zu berechnen. Dies lässt sich am besten in einer demographischen Grundgleichung festhalten:

$$P_{t+n} = P_t + B_{t,t+n} - D_{t,t+n} + I_{t,t+n} - E_{t,t+n}$$

wobei: P_t = Bevölkerung zum Zeitpunkt t

P_{t+n} = Bevölkerung zum Zeitpunkt t+n

$B_{t,t+n}$ = Zahl der Geburten zwischen t und t+n

$D_{t,t+n}$ = Zahl der Sterbefälle zwischen t und t+n

$I_{t,t+n}$ = Zuwanderungen zwischen t und t+n

$E_{t,t+n}$ = Abwanderungen zwischen t und t+n   (vgl. Bähr 1997, S. 173).

Hier ist es besonders wichtig die Maße mit denen Fertilität ($B_{t,t+n}$) und Mortalität ($D_{t,t+n}$) berechnet werden, sowie die Definitionen für Zuwanderungen und Abwanderungen zu kennen, um verschiedene Prognosen miteinander vergleichbar zu machen.

Fertilität ist komplizierter zu berechnen als Mortalität, da es ein multidimensionaler und kumulativer Prozess ist. Gebären von Kindern ist ein wiederholbares Ereignis, welches selbst in einem Jahr häufiger erfolgen kann. Es gibt viele verschiedene Maße zur Berechnung von Fertilität. Dennoch überschneiden sie sich in der Literatur weitestgehend. Grundsätzlich gibt es zwei Formen der direkten Fruchtbarkeitsmessung:

„1. Die Ermittlung von Fertilitätsraten: Dabei werden die Anzahl der in einem Kalenderjahr lebendgeborenen Personen auf die Gesamtbevölkerung oder auf Teilgruppen der Bevölkerung bezogen.

2. Die kumulative Betrachtung der Fertilität: Dabei wird für eine fiktive Ausgangsmasse die Anzahl der lebendgeborenen Kinder bis zu einem bestimmten Lebensalter oder während des ganzen Lebens betrachtet." (vgl. Bähr 1997, S. 182)

Viele Autoren legen großen Wert auf den Unterschied zwischen verheirateten und unverheirateten Frauen (vgl. Wood 1994, S. 27; Bähr 1997, S. 184-185). Es ist nicht zu leugnen, dass die Wahrscheinlichkeit für eine verheiratete Frau ein Kind zu bekommen

---

[1] „Fertility is defined by demographers as the production of a live birth, that is, a child born alive (Pressat, 1985). As such, it is to be distinguished from fecundity, which is defined as the biological capacity to reproduce." (Wood 1997, S. 3)

sehr viel höher ist als diese für eine unverheiratete Frau. Dennoch sind im 21. Jahrhundert immer mehr moderne Lebensformen üblich geworden (alleinerziehende Personen, unverheiratete Paare etc.), so dass in dieser Arbeit die Heiratsraten als Einflussfaktor auf die Fertilität unbeachtet bleiben.

Für die Migration gibt es weitaus weniger übereinstimmende Literatur. Im Gegenteil, in diesem Bereich gibt es nicht einmal üblicherweise gebräuchliche Maße. Somit beschränkt sich diese Arbeit auf den einfachen Migrationssaldo. Hier ist die Definition von Einwanderern und Auswanderern entscheidend[2].

2.1 Rohe Geburtenrate

Die rohe Geburtenrate ist das einfachste und damit das am weitesten verbreitete Fertilitätsmaß. Es wird in der Praxis sehr oft angewandt, weil die Informationsbeschaffung relativ einfach ist. Das Maß wird wie folgt dargestellt:

$$b = \frac{B}{P} 1000$$

wobei: b= rohe Geburtenrate

B= Anzahl der in einem Kalenderjahr Lebendgeborenen

P= Bevölkerungsbestand zur Jahresmitte   (vgl. Feichtinger 1973, S. 90).

Die Multiplikation mit 1000 bewirkt, dass immer die Anzahl Lebendgeborener auf 1000 Personen des Bevölkerungsbestandes betrachtet werden. Hier ist insbesondere die Differenzierung zwischen Geburten und Geborenen wichtig. Bei einer Geburt können auch Zwillinge, also zwei Geborene zur Welt kommen. Streng genommen müsste das Maß rohe Geborenenrate heißen, da B die Anzahl Lebendgeborener und nicht die der Geburten angibt. Jedoch ist rohe Geburtenrate als Bezeichnung weiter verbreitet. Das Maß ist sehr grob, da die Bevölkerung vollkommen undifferenziert in die Berechnung eingeht[3].

2.2 Allgemeine und Totale Fertilitätsrate

Die allgemeine Fertilitätsrate baut auf der rohen Geburtenrate auf. Sie setzt sich genauso zusammen. Allerdings werden dabei die Anzahl der Lebendgeborenen nicht auf 1000

---

[2] Zu Unterscheiden sind Ein- und Auswanderer nach Distanzen, bzw. ob sie einen Orts- oder sogar Landeswechsel vollziehen. Des Weiteren muss beachtet werden, nach welcher Aufenthaltsdauer Ausländer als Immigranten bezeichnet werden, bzw. wie Saisonarbeiter gesehen werden.
[3] Hier müsste viel mehr nach männlicher oder weiblicher Bevölkerung, nach gebärfähigem Alter oder nicht gebärfähigem Alter, so wie vielleicht auch nach verheirateter oder unverheirateter Bevölkerung unterschieden werden.

der Gesamtbevölkerung sondern auf 1000 Frauen im gebärfähigen Alter zwischen 15 und 49 bezogen. Dieses Maß wird wie folgt dargestellt:

$$Allgemeine\ Fruchtbarkeitsrate = \frac{B}{F_{15-49}} 1000$$

wobei: $F_{15-49} =$ Anzahl Frauen zwischen 15 und 49 Jahren zur Jahresmitte (vgl. Feichtinger 1973, S. 93).

Dieses Maß ist durch die Einschränkungen im Nenner sehr viel genauer als die rohe Geburtenrate. Natürlich können die altersmäßigen Einschränkungen auch anders gewählt werden. 15-49 Jahre deckt mit großer Wahrscheinlichkeit fast alle Geburten ab. Dennoch ist laut Mueller (1993) eine Altersbeschränkung zwischen 15 und 44 Jahren weiter verbreitet (S. 156), da Geburten zwischen dem 45. und 49. Lebensjahr sehr selten sind.

Die totale Fertilitätsrate ist im Gegensatz zur allgemeinen Fertilitätsrate ein kumulatives Fertilitätsmaß und gehört damit in die zweite Gruppe der direkten Fruchtbarkeitsmessung. Es ist ein speziell standardisiertes Maß, bei welchem für den Altersaufbau eine Gleichverteilung genommen wird (vgl. Feichtinger 1973, S. 95). Das Maß sieht wie folgt aus:

$$TFR = \sum_i b_i$$

wobei: $b_i = \frac{B_i}{F_i} 1000$ als die altersspezifische Fruchtbarkeitsrate

mit $B_i =$ Anzahl der im Kalenderjahr von Frauen der i-ten Altersgruppe lebendgeborenen Kinder

$F_i =$ Anzahl der Frauen, die sich zur Jahresmitte in der i-ten Altersgruppe befinden

definiert wird (vgl. Feichtinger 1973, S.93-95).

Hier werden also einjährige Altersklassen zugrunde gelegt, wobei sich in jeder einzelnen eine fiktive Kohorte von 1000 Frauen befinden soll. In der Praxis ist es üblich der Einfachheit halber Fünfjahres-Intervalle zu bilden. Grundsätzlich lässt sich durch Division mit 1000 und Kumulation der jahresspezifischen Ergebnisse die Anzahl Kinder, die eine Frau während ihrer gebärfähigen Phase zur Welt bringt, berechnen. Vorraussetzung sind hier immer konstante Fruchtbarkeitsverhältnisse.

2.3 Brutto- und Nettoreproduktionsrate

Genau genommen können die Brutto- und Nettoreproduktionsrate nicht als Fertilitätsmaße gewertet werden. Sie messen lediglich die Reproduktion. Da diese aber für den

Fortbestand und die Entwicklung einer Bevölkerung besonders wichtig ist, werden diese Maße hier erläutert.

Die Bruttoreproduktionsrate geht aus der totalen Fertilitätsrate hervor. Da allerdings im Wesentlichen weibliche Nachkommen für die Reproduktion der Menschheit verantwortlich sind, fließen auch nur diese in die Berechnung ein:

$$BRR = \sum_i b_i{}^w$$

wobei: $b_i{}^w = \dfrac{B_i{}^w}{F_i} 1000$

mit $B_i{}^w$ = Anzahl der im Kalenderjahr von Frauen der i-ten Altersgruppe

lebendgeborenen Mädchen   (vgl. Feichtinger 1973, S. 97).

Die Bruttoreproduktionsrate misst also die Anzahl Töchter, die eine fiktive Kohorte von 1000 Frauen wahrscheinlich während ihrer gebärfähigen Jahre lebend zur Welt bringen wird.

Die Nettoreproduktionsrate ist sehr viel effektiver als die Bruttoreproduktionsrate, da sie die Sterbewahrscheinlichkeit mit einbezieht. Auch sie misst die Anzahl Töchter, die eine fiktive Kohorte von 1000 Frauen während ihrer reproduktiven Phase haben werden, allerdings unter der Annahme, dass nicht nur die altersspezifischen Fruchtbarkeits-, sondern auch Sterblichkeitsverhältnisse konstant bleiben. Das Maß ist wie folgt definiert:

$$NRR = \sum_i \frac{L_i}{l_0} b_i{}^w \qquad\qquad \text{(vgl. Feichtinger 1973, S. 99)}$$

wobei: L_i = überlebende Frauen im Alter i nach der weiblichen Sterbetafel

       l_0 = Gesamtzahl Frauen, die in diese Kohorte geboren wurden

       $b_i{}^w$ = weibliche altersspezifische Fruchtbarkeitsrate.

Solange von Wanderungen abgesehen wird, bedeutet NRR>1000 eine wachsende, NRR=1000 eine gleich bleibende und NRR<1000 eine schrumpfende Bevölkerung. Dennoch kann es einen positiven Geburtenüberschuss geben, auch wenn NRR<1000 ist, die Bevölkerung also auf lange Sicht schrumpft. Dies liegt daran, dass die Nettoreproduktionsrate nicht vom Altersaufbau einer Bevölkerung, sondern nur von deren geschlechts- und altersspezifischen Mortalitäts- und Fertilitätsverhältnissen abhängig ist (Feichtinger 1973, S. 101). Obwohl dies das genaue Maß ist, sagt Bähr (1997), dass die Nettoreproduktionsrate zur Prognose zukünftiger Bevölkerungsentwicklungen nicht geeignet ist, da die Fertilität einer Bevölkerung nur selten über einen längeren Zeitraum konstant bleibt (S.188).

2.4 Wanderungssaldo

Grundsätzlich ist der Wanderungssaldo oftmals das entscheidende Maß, welches zwischen Bevölkerungszu- oder -abnahme entscheidet. Da in dieser Arbeit der Schwerpunkt der Betrachtungen auf den Raum Deutschland gelegt wird und hierfür die Bevölkerungsentwicklung von ganz Deutschland von Interesse ist, spielen Binnenwanderungen in dieser Hinsicht keine Rolle. Viel mehr wird die grenzüberschreitende Außenwanderung betrachtet. Hierbei soll ein Einwanderer nur mit in die Berechnungen fallen wenn er keine von vorne herein beschränkte Aufenthaltsdauer vorweist. Ausgenommen sind demnach Saisonarbeiter, Studenten, Journalisten, Praktikanten, Politiker und Mitarbeiter auswärtiger Ämter anderer Länder etc..

Der Wanderungssaldo wird definiert als die „positive oder negative Differenz zwischen Zu- und Abwanderungen auf 1000 der Gesamtbevölkerung bezogen" (vgl. Feichtinger 1973, S. 111).

$$Saldo = \frac{(Zuwanderungen - Abwanderungen)}{Gesamtbevölkerung} 1000$$

3. Entwicklung von Fertilität und Migration

Interessant ist die Entwicklung von Fertilität und Migration insbesondere, weil sie die Annahmen für zukünftige Prognosen liefert. Hier sind vor allem konstant gleich bleibende Werte wichtig. Je länger der Zeitraum ist, über den beispielsweise ein Fertilitätsmaß oder der Wanderungssaldo konstant geblieben sind, desto größer ist die Wahrscheinlichkeit auch mit einem ähnlich konstanten Wert für zukünftige Prognosen nah an der Realität zu liegen. In dieser Arbeit soll lediglich die Entwicklung der Bevölkerung an Hand von Fertilität und Migration in Deutschland betrachtet werden.

3.1 Entwicklung von Fertilität und Migration in Deutschland im 20. Jahrhundert

Im 20. Jahrhundert haben in Deutschland sehr große Veränderungen sowohl der Bevölkerungszahl als auch in der Entwicklung von Fertilität und Migration stattgefunden. Allein die Einwohnerzahl Deutschlands stieg nach dem zweiten Weltkrieg von 68,108 Mio. in 1950 auf 81,818 Mio. in 1995 und auf über 82 Mio. heute (vgl. Münz u. a.

1997, S. 14)[4]. Ein solcher Anstieg der Bevölkerung kann zwei Ursachen haben: 1. ein Geburtenüberschuss über die Sterbefälle und/oder 2. ein positiver Wanderungssaldo, bei welchem die Zuzüge also die Fortzüge überschreiten. Bis ca. 1970 trifft beides zu. Zumindest wurde bis dahin fast immer die kritische zusammengefasste Geburtenziffer von 2,1 Kindern pro Frau zur vollständigen Ersetzung einer Generation überschritten (vgl. Statistisches Bundesamt 2003, S. 11). 1973 kam es neben der sinkenden Fertilität auch zu einem starken Rückgang der Einwanderungen durch den Anwerberstopp[5] (vgl. Münz u. a. 1997, S. 41). Doch brach das Bevölkerungswachstum nur kurzfristig ein. Der Anwerberstopp erzielte langfristig keine bemerkbaren Resultate. Es kam dazu, dass in den letzten 25 Jahren des 20. Jahrhunderts die Zuzüge die Fortzüge so stark überwogen, dass nicht nur die sinkende Fertilität und der später folgende Sterbeüberschuss ausgeglichen werden konnten, sondern die Bevölkerungszahl Deutschlands sogar noch wuchs.

Bevölkerungsdynamik in Deutschland 1950-1995

Deutschland gesamt	1950-1969	1970-1995
Geburtensaldo	7,266 Mio.	-2,257 Mio.
Wanderungssaldo	2,080 Mio.	6,407 Mio.
Einwohnerzahl	68,108 Mio. (1950)	81,818 Mio. (1995)
Abbildung 1		(vgl. Münz u. a. 1997, S. 14)

Der hohe Geburtensaldo von 7,266 Mio. zwischen 1950-1969 ist vor allem mit den Babyboom-Jahren zu begründen, die genau in diesen Zeitraum fallen[6]. Der relativ geringe Sterbeüberschuss von –2,257 Mio. zwischen 1970-1995 kann durch die altersmäßige Zusammensetzung der Bevölkerung erklärt werden. Auch wenn die zusammengefasste Geburtenziffer für Deutschland über den gesamten Zeitraum zwischen 1970-1995 unter 2,1 Kinder pro Frau lag, so war die Bevölkerung in diesem Zeitraum nicht genug gealtert, um eine hohe Sterbeziffer aufzuweisen.[7] Außerdem steigen die Lebenserwartungen kontinuierlich. Des Weiteren bekamen gerade in den 1970er und 1980er Jahren die Frauen der Babyboom-Generation ihre Nachkommen. Diese überdurchschnittliche Zahl Mütter führte somit auch zu mehr Kindern in diesen Jahren und somit zu einem Bevöl-

---

[4] Die Einwohnerzahlen beziehen sich immer auf Gesamtdeutschland. Auch vor der Wiedervereinigung fand eine Addition der Zahlen aus Ost- und Westdeutschland statt.
[5] Gesetz der Bundesregierung im Oktober 1973 zur Beendigung der Anwerbung von Gastarbeitern.
[6] Die Jahre 1946-1965 werden als Babyboom-Jahre bezeichnet.
[7] Dies ist eine Spätauswirkung des 2. Weltkriegs. Die Bevölkerung ist durchschnittlich relativ jung, da viele Menschen, die zwischen 1970-1995 zur alten Generation gehören sollten, bereits im Krieg starben.

12

kerungswachstum trotz zusammengefasster Geburtenziffer von 1,45 Kindern pro Frau (vgl. Bucher u. a. 2004, S.108-109). Heute stagniert das Bevölkerungswachstum in Deutschland und beginnt sogar rückläufig zu sein. Der positive Wanderungssaldo der vergangenen Jahre schaffte es nur annähernd den negativen Geburtensaldo auszugleichen.

3.2 Folgen der sinkenden Fertilität

Eine direkte Folge der sinkenden Fertilität ist die ständig alternde Bevölkerung. Diese führt zu erheblichen Problemen in der Zukunft. Zu Beginn des 20. Jahrhunderts überlebten immer mehr Neugeborene die ersten Lebensjahre durch die sinkende Säuglingssterblichkeit. Fortschritte im Gesundheitswesen, in der Hygiene, sowie in der Ernährungs- und Wohnsituationen führten dazu, dass heute nur noch 4 von 1000 anstatt wie vor 100 Jahren 200 von 1000 Kindern während des ersten Lebensjahres sterben (vgl. Statistisches Bundesamt 2003, S. 13). Außerdem erhöht sich die Lebensdauer der Menschen kontinuierlich. Gerade das hat eine Überalterung der Bevölkerung zur Folge. 1910 geborene Jungen und Mädchen hatten eine Lebenserwartung von 47 bzw. 51 Jahren. Bereits 2000 waren es 75 Jahre für Jungen und 81 Lebensjahre für Mädchen (vgl. Statistisches Bundesamt 2003, S. 14). Die sinkende Fertilität und die steigende Anzahl älterer Menschen hat eine starke Verschiebung des Bevölkerungsaufbaus innerhalb Deutschlands zur Folge. Die erwünschte Pyramidenform konnte schon Mitte des 20. Jahrhunderts nicht mehr richtig erkannt werden. Heute sieht der Altersaufbau Deutschlands eher einem Tannenbaum ähnlich. Der breite mittlere Teil entspricht der Babyboom-Generation, welche in den nächsten 10-20 Jahren auch der älteren Generation angehören wird.

Altersaufbau der Bevölkerung Deutschlands

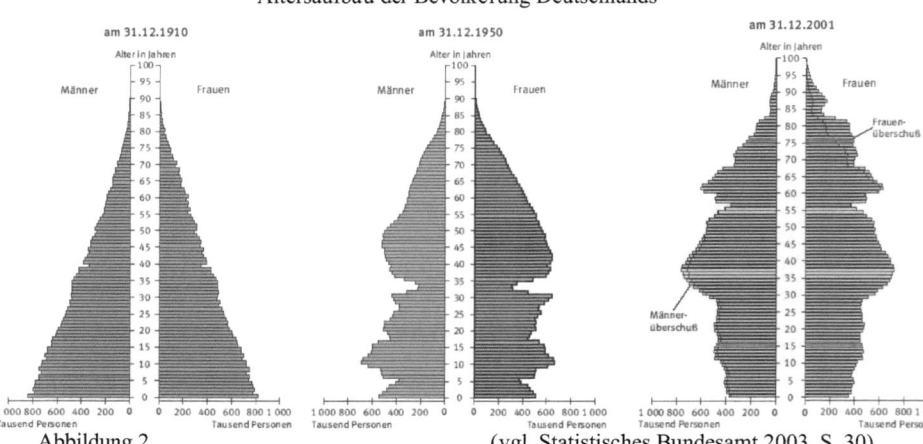

Abbildung 2 (vgl. Statistisches Bundesamt 2003, S. 30)

Diese Altersstrukturen zeigen, dass noch 1950 jeder dritte Mensch unter 20 und nur jeder siebte über 59 Jahre alt war. Heute ist lediglich jeder fünfte unter 20 und bereits jeder vierte älter als 59 (vgl. Statistisches Bundesamt 2003, S. 29).

Diese durch sinkende Fertilität verursachte ständige Alterung der Gesellschaft hat dramatische Folgen. Am schlimmsten ist das deutsche Rentensystem betroffen. Durch die höheren Lebenserwartungen steigt die Rentenbezugsdauer. Von durchschnittlich knapp 11 Jahren Rentenbezugsdauer in 1965 erhöhte sich die Zahl auf über 16 Jahre in 2001 (vgl. Statistisches Bundesamt 2003, S. 17). Des Weiteren treten immer mehr Menschen in das Rentenalter ein, während immer weniger junge Leute nachkommen um in die Rentenkassen einzuzahlen. Gerade ab 2015, wenn die Babyboom-Generation in Rente geht, wird es zu starken Belastungen der Rentenkassen kommen. Auf 100 Personen im erwerbsfähigen Alter zwischen 20-64 Jahren kamen im Jahr 2000 26 Personen im Rentenalter ab 65 Jahren. Im Jahr 2020 werden es voraussichtlich bereits 35 Rentner auf 100 Erwerbsfähige und im Jahr 2040 sogar 56 Rentner auf 100 Erwerbsfähige sein (vgl. Thum und Weizsäcker 2000, S. 454).

Neben den Rentenkassen sind auch die Krankenkassen stark von ungeahnten Folgen der Volksalterung betroffen. Die medizinische Versorgung sowie die Anzahl der Arztbesuche erhöhen sich im Alter stetig. So kommen auch auf die Krankenkassen mehr Kosten mit weniger jungen Beitragszahlern als Risikoausgleich zu.

Doch nicht nur die Versicherungssysteme leiden unter den Folgen der Verschiebung der Altersstruktur, sondern auch die gesamte Wirtschaft muss sich umstellen. So meldet das Handelsblatt am 3.3.2005, dass die Überalterung der Gesellschaft die wirtschaftlichen Wachstumsziele gefährdet: „Die Nachfrage nach Schwarzwälder Kirschtorte, koffeinfreiem Kaffee und Wellnessbädern boomt, und die Hersteller von Babynahrung, Pampers oder Kinderwagen melden Kurzarbeit an." (Hess 2005). Allerdings findet nicht nur eine Umschichtung der Produktwünsche von Kinderspielzeug zu „Rentner-Wellness" statt, sondern große deutsche Branchen, die bisher das Wirtschaftswachstum mitbestimmt haben, stagnieren. Die Automobilbranche ist gefährdet, da ältere Menschen viel seltener ihr altes Auto durch ein neues ersetzen (vgl. Braun 2005). Ebenso erleidet die Immobilienbranche ein Tief, da ältere Menschen ungern umziehen. Auch die Finanzbranche muss ganz neue Angebote auf den Markt bringen, da die Hauptklientel sich umschichtet (vgl. Kort 2005). Fast jeder wirtschaftliche Sektor erlebt eine Umstrukturierung. Dies kann sich auch positiv auswirken, wie beispielsweise für Altenheime.

3.3 Gründe für die sinkende Fertilität in Deutschland

Es gibt viele verschiedene Ansätze in der Literatur für die Begründung einer sinkenden Fertilität. Dirk J. van de Kaa hat sich die Mühe gemacht 50 Jahre Forschung über die Determinanten des generativen Verhaltens zusammenzufassen. Als Ausgangsbasis für die sinkende Fertilität bereits Anfang des 20. Jahrhunderts dient der demographische Übergang. Er besagt, dass durch die Industrialisierung Ende des 19. Jahrhunderts sich die Überlebenschancen gerade auch für Säuglinge deutlich gebessert haben. Bessere Hygiene, bessere medizinische Versorgung, sowie erhöhte Wohn- und Ernährungsstandards führten zu sinkenden Sterblichkeitsraten. Mit Verzögerung reagierten Familien und bekamen weniger Kinder, da die gewünschte Anzahl schneller erreicht wurde (vgl. Bähr 1997, S. 248; van de Kaa 1997, S. 15, 21). Es musste also kein Überschuss an Kindern mehr gezeugt werden um die Wahrscheinlichkeit einiger Kindestode in der Familie vor dem Erwachsenenalter auszugleichen. Eine Risikoabsicherung der Eltern oder auch Witwen im Alter konnte mit weniger Kindern realisiert werden (vgl. van de Kaa 1997, S. 23). Paul Schultz (1973) bestätigt in seiner Studie eine signifikante Korrelation zwischen Säuglingssterblichkeit und Fertilität (S.101).

Im Anschluss an die kurzzeitig ansteigende Fertilität auf Grund der Wiedervereinigung von Ehepaaren nach dem zweiten Weltkrieg in Form der Babyboom-Generation, kam es Anfang der 191970er Jahre zu starken Einbrüchen in der Fertilität in Deutschland. Dies wird von van de Kaa als der zweite demographische Übergang bezeichnet. Grund für diesen Einbruch war die neue Empfängnisverhütungsmethode in Form der Antibabypille. Sie ermöglichte die Emanzipation der Frauen, förderte den steigenden Selbstverwirklichungsdrang, die Egozentrierung und die persönliche Wahlfreiheit (vgl. van de Kaa 1997, S. 41). Notestein entwickelte bereits 1964 einen angebotsorientierten Ansatz zur Fertilität, der sich auf die Empfängnisverhütung stützte: rational handelnde Paare begrenzen demnach ihre Kinderzahl mit Hilfe von Verhütungsmitteln, wodurch die Fertilität sinkt (vgl. van de Kaa 1997, S. 31).

Dem gegenüber steht der nachfrageorientierte Ansatz, welcher den Nutzen der Kinder ausleuchtet. Er wird von Caldwell (1980) weiterentwickelt zur Theorie über Vermögensströme und später auch als „value of children" wieder aufgenommen. Die wesentliche Aussage besteht darin, dass die Fertilität sinkt, sobald der Wert von Kindern, also deren wirtschaftlicher Nettovorteil sich verringert (vgl. van de Kaa 1997, S. 34). Allerdings wird dieser Ansatz in empirischen Studien widerlegt, in denen festgestellt wird, dass die natürliche Fertilität von ökonomischen Faktoren unabhängig ist (vgl. van de

Kaa 1997, S. 37). Dennoch scheinen sozio-psychologische Werte von Kindern für die Entscheidung eines Paares ausschlaggebend zu sein (vgl. van de Kaa 1997, S. 13). Verantwortlich für die unterschiedliche Fertilität in verschiedenen Ländern ist das sozio-ökonomische Level der jeweiligen Bevölkerung (vgl. Low u. a. 2003, S. 114). Hier können beispielsweise steigende Bildung und auch steigendes Nettoeinkommen zum sinken der Fertilität beitragen. Die „Easterlin-Hypothese" besagt, dass die Sozialisation im Elternhaus entscheidend sein kann. Erreicht ein Paar nicht den von Hause aus gewohnten Lebensstandard, dann kann es sein, dass Heirat und Geburt verschoben werden und die Familiengröße reduziert wird (vgl. van de Kaa 1997, S. 29). Adelman beweist in einer Regressionsanalyse, dass mit steigendem Einkommen der Frauen deren Fertilität signifikant sinkt (S. 320). Coale (1973) gibt eine Zusammenfassung über die drei wichtigsten Vorraussetzungen des Geburtenrückgangs:

„-effiziente Techniken zur Verringerung der Fertilität müssen bekannt und verfügbar sein;

-eine niedrigere Fertilität muss als Vorteil wahrgenommen werden;

-Entscheidungen über die Geburtenzahl müssen als bewusste Wahl getroffen werden können" (vgl. van de Kaa 1997, S. 45).

3.4 Wanderungssaldo als Ausgleich für die sinkende Fertilität?

Ein positiver Wanderungssaldo, also ein Überschuss an Zuzügen aus dem Ausland gegenüber Fortzügen ins Ausland, bedeutet definitiv eine Steigung der Bevölkerungszahl. Doch ist dieser positive Wanderungssaldo in Deutschland immer so groß gewesen, dass die sinkende Fertilität vollständig ausgeglichen werden konnte und somit die Bevölkerungszahl insgesamt weiterhin stieg oder zumindest stagnierte?[8]

Auffällig ist zuerst einmal, dass sich der Wanderungssaldo entsprechend der Fertilität genau gegensätzlich entwickelte. Anfang des 20. Jahrhunderts, als die Industrialisierung einsetzte, war die Fertilität mit mehr als 2,1 Kindern pro Frau noch sehr hoch und der Wanderungssaldo noch entsprechend negativ. Auswanderungen in freiere Länder wie die USA, so wie Flüchtlingsauswanderungen während beider Weltkriege führten zu höheren Emigrationen als Immigrationen. Erst nach dem zweiten Weltkrieg, mit Beginn der 191950er Jahre, kam es insbesondere in Westdeutschland, was als freie demokratische Republik galt, zu positiven Wanderungssalden. Diese halten mit Ausnahme kurz-

---

[8] Auch hier soll die steigende Mortalität für diese Arbeit unbeachtet bleiben. Dennoch ist diese für die Steigung der Bevölkerungszahl insgesamt von enormer Bedeutung.

fristiger Einbrüche auf Grund von Gesetzesänderungen bis heute an (vgl. Münz u. a. 1997, S. 38). Seit 1950 haben ca. 60 Mio. Menschen ihren Wohnsitz von oder nach Deutschland verlegt (vgl. Bucher u. a. 2004, S. 109).

Für etwa 20 Jahre, 1950-1970, gab es eine Überschneidung sowohl hoher zusammengefasster Geburtenziffern von über 2,1 Kindern pro Frau als auch positiver Wanderungssalden. In genau diesem Zeitraum fand ein starkes Wachstum der deutschen Bevölkerungszahl statt. Menschen, die in diesem Zeitraum geboren wurden, zählen auch zur Babyboom-Generation und stellen heute die stärkste Bevölkerungsschicht in der deutschen Bevölkerungspyramide dar (vgl. Statistisches Bundesamt 2003, S. 11, S. 30).

Mit Beginn der 191970er Jahre sank dann die Fertilität unter das vollständig reproduktive Maß von 2,1 Kindern pro Frau. Seitdem dient der positive Wanderungssaldo von Jahr zu Jahr mehr dem Ausgleich der sinkenden Fertilität. Er ist in vielen Industriestaaten, insbesondere auch in Deutschland, zum entscheidenden Maß geworden, ob eine Bevölkerung wächst, schrumpft oder stagniert. Zwischen 1990-1999 gab es in Deutschland Sterbeüberschüsse, so dass der Gesamtsaldo der Bevölkerung sank. „Doch mit den internationalen Wanderungsgewinnen von ca. 3,3 Mio. Personen war so viel Dynamik aus dem Ausland importiert worden, dass die Schrumpfungstendenzen aus den natürlichen Bewegungen (Geburten, Sterbefälle) überkompensiert werden konnten."(vgl. Bucher u. a. 2004, S.110). Tatsächlich gleicht der positive Wanderungssaldo die sinkende Fruchtbarkeit in Deutschland heute aus, so dass die Bevölkerungszahl seit 2000 auf einem Niveau von etwa 82 Mio. Einwohnern stagniert (vgl. Statistisches Bundesamt 2003, S. 26).

Es gibt verschiedene Gründe warum Menschen ihr Heimatland verlassen und in ein fremdes Land auswandern. Der Hauptgrund ist allerdings der erwünschte Lebensstandard. Insbesondere Menschen, die in ihrem Heimatland unter dem Existenzminimum leben, müssen auswandern, um woanders Arbeit zu finden und sich und ihre Familie ernähren zu können. Das meiste Geld lässt sich natürlich in den Industrieländern verdienen. Da Deutschland zu einer der größten Industriestaaten der Welt zählt, gehört es allein deshalb zu einem der größten Einwanderungsländer. Vor allem Türken, Polen, Ex-Jugoslawen, Rumänen, Russen und Italiener kommen aus wirtschaftlichen Beweggründen nach Deutschland (vgl. Münz u. a. 1997).

Der positive Wanderungssaldo gleicht nicht nur die sinkende Fertilität als solche sondern annäherungsweise auch die damit verbundenen Probleme aus. Die schlimmste Folge der sinkenden Fertilität ist die alternde Bevölkerung und daraus resultierende Probleme. Die Sockelwanderung mildert dieses Problem. Bei der Sockelwanderung wird eine bestimmte Anzahl an Fortzügen ins Ausland vorausgesetzt. Diese wird durch eine mindestens gleich hohe Anzahl an Zuzügen von im Durchschnitt jüngeren Menschen aus dem Ausland ausgeglichen. Dadurch ergibt sich ein Verjüngungseffekt (vgl. Statistisches Bundesamt 2003, S. 51). Dieser Verjüngungseffekt ist allerdings nicht so stark, dass er die Alterung der deutschen Bevölkerung aufhalten kann, er verlangsamt sie nur.

4. Prognose von Fertilität und Migration in Deutschland

Grundsätzlich muss bei der Prognose von zukünftigen Bevölkerungszahlen zwischen Bevölkerungsprojektion und Bevölkerungsvorhersage unterschieden werden. Die Projektion wird als Vorrausschätzung einer Bevölkerung nach Zahl und Struktur aufgrund gewisser hypothetischer Annahmen verstanden, während Vorhersagen angeben, welchen Verlauf, Umfang und welche Struktur die Bevölkerung später tatsächlich haben wird (vgl. Feichtinger 1973, S. 140). Die Vorhersagen basieren also auf realistischen Annahmen und sind somit für Politik, Wirtschaft etc. sehr viel aussagekräftiger. Deshalb soll in dieser Arbeit unter Bevölkerungsprognose lediglich die Bevölkerungsvorhersage verstanden werden.

Das Statistische Bundesamt ist das größte und auch am meisten zitierte Institut, welches Bevölkerungsprognosen für Deutschland berechnet. Die aktuellste Berechnung bezieht sich bis auf das Jahr 2050. Hier wird mit der Komponentenmethode vorgegangen, d. h. der Basis-Bevölkerungsbestand vom 31.12.2001 wird nach Geschlecht und Geburtsjahren gegliedert und von einem Kalenderjahr zum nächsten fortgeschrieben (vgl. Feichtinger 1973, S. 141, Statistisches Bundesamt 2003, S. 5). Natürlich muss für jedes Jahr eine Bereinigung der zu erwartenden Sterbefälle und Geburten vorgenommen, sowie der Wanderungssaldo in jedem Jahr berücksichtigt werden. Es wird von einer konstanten zusammengefassten Geburtenziffer von 1,4 Kindern pro Frau ausgegangen[9] (vgl. Statistisches Bundesamt 2003, S. 5). Diese Zahl berechnet sich aus einer allgemeinen Fertilitätsrate für Frauen im Alter zwischen dem 15. und 49. Lebensjahr. Des Weiteren wird von einer steigenden Lebenserwartung ausgegangen. Da diese Zahl nicht genau vorhergesagt werden kann, wurden drei verschiedene Annahmen sowohl für Männer als auch für Frauen mit einem durchschnittlichen Zuwachs zwischen 4,1 und 7,8 Jahren bis 2050 getroffen (vgl. Statistisches Bundesamt 2003, S. 19). Alle Annahmen lassen sich aus vergangenen Entwicklungen schließen. Dennoch ist es sehr schwer, zukünftige

---

[9] Die zusammengefasste Geburtenziffer der neuen Bundesländer liegt noch auf einem etwas höheren Niveau. Doch auch hier wird ab 2010 1,4 Kinder pro Frau als konstant angenommen.

Wanderungssalden vorherzusagen, da diese auch stark von politischen und wirtschaftlichen Entwicklungen in den Heimatländern zukünftiger Einwanderer abhängig sind. Deshalb trifft das Statistische Bundesamt auch hier drei verschiedene Annahmen: jährlicher Einwanderungsüberschuss von 100000 (W1), von 200000 (W2) oder von 200000 bis 2010, danach bis 2050 von 300000 Ausländern (W3) (vgl. Statistisches Bundesamt 2003, S. 23). Münz u. a. (1997), die sich ausführlich mit Zuwanderungen nach Deutschland beschäftigen, kommen in ihren Prognosen, die bis in das Jahr 2030 reichen, zu ähnlichen Ergebnissen. Sie haben Ausländer in verschiedene Gruppen unterteilt und das vergangene Wanderungsverhalten dieser Gruppen analysiert. So schließen sie auf zukünftige Wanderungen. Sie kommen ebenfalls zu drei verschiedenen möglichen positiven Salden: 80000, 190000 oder 300000 Einwanderer jährlich (vgl. Münz u. a. 1997, S. 150).

Somit gibt es durch verschiedene Kombinationen der unterschiedlichen Annahmen des Statistischen Bundesamtes neun verschiedene Ergebnisse. Auf Grund der niedrigen Geburtenhäufigkeit wird die Zahl der Frauen im gebärfähigen Alter immer kleiner[10] und damit nimmt auch die Zahl lebend geborener Kinder rapide ab. Die Zahl der Sterbefälle steigt, da die starke Babyboom-Generation ins hohe Alter kommt. Der positive Wanderungssaldo mildert den Überschuss an Sterbefällen nur, kann ihn aber langfristig nicht kompensieren. Demnach wird die Bevölkerungszahl Deutschlands bis zum Jahr 2050 auf 67 bis 81 Millionen schrumpfen (vgl. Statistisches Bundesamt 2003, S. 6)[11].

Ebenso wird sich der Altersaufbau der Bevölkerung weiter verschieben. Gerade weil die starke Babyboom-Generation demnächst zu den Alten gehört, dreht sich die erwünschte Alterspyramide allmählich auf den Kopf, mit nun deutlichen Ausprägungen der höheren Altersgruppen, sowohl bei Männern als auch bei Frauen:

[10] Die Zahl gebärfähiger Frauen zwischen 15 und 49 sinkt von 20 Millionen im Jahr 2001 auf 14 Millionen im Jahr 2050 (vgl. Statistisches Bundesamt 2003, S. 6).
[11] Die Anzahl 81 Millionen Einwohner stellt eine sehr geringe Veränderung gegenüber heute dar. Allerdings muss darauf hingewiesen werden, dass für dieses Ergebnis die höchsten Annahmen getroffen wurden. Es wird hier mit einem jährlichen Überschuss an Zuzügen von 300000 Menschen und einer durchschnittlichen Lebenserwartung von 82,6 Jahren für Männer und 88,1 Jahren für Frauen kalkuliert.

Altersaufbau der Bevölkerung Deutschlands

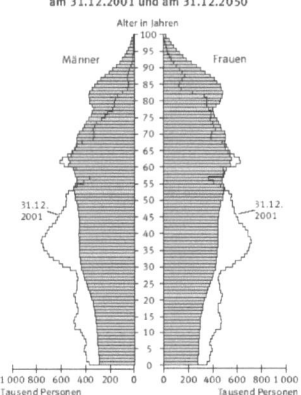

Abbildung 3   (vgl. Statistisches Bundesamt 2003, S. 30)

Im Jahr 2050 wird nur noch jeder Sechste unter 20, aber jeder Dritte über 59 Jahre alt
sein (vgl. Statistisches Bundesamt 2003, S. 29). Die daraus resultierenden Probleme für
die Wirtschaft und Rentenkassen verschärfen sich immer mehr. Der Altenquotient, also
die Anzahl Rentner[12] bezogen auf die Anzahl Menschen im erwerbstätigen Alter wird
bis 2050 auf über 70 steigen[13] (vgl. Statistisches Bundesamt 2003, S. 31).

Auch das Bundesamt für Bauwesen und Raumordnung (BBR) hat eine ähnliche Prognose allerdings nur bis ins Jahr 2020 vorgenommen. Sie benutzen die totale Fertilitätsrate
für Frauen im Alter zwischen 15 und 45 Jahren und gehen von einem jährlichen durchschnittlichen positiven Wanderungssaldo von knapp 230000 Ausländern aus (Bucher u.
a. 2004, S. 116, 118). Auch ihre Ergebnisse führen dazu, dass die Bevölkerung schrumpfen wird, allerdings bis 2020 nur sehr leicht auf 81,5 Mio. Einwohner (Bucher u. a.
2004, S. 119). Dies entspricht jedoch auch den Ergebnissen des Statistischen Bundesamtes für das Jahr 2020 (vgl. Statistisches Bundesamt 2003, S. 26). Ebenso erwähnt das
BBR, dass die Ursache der schrumpfenden Bevölkerungszahl darin liegt, dass bei 1,4
Kindern pro Frau die Muttergeneration nicht vollständig durch eine Tochtergeneration
ersetzt werden kann. Somit sind immer weniger Frauen im gebärfähigen Alter vorhan-
den, die dem entsprechend immer weniger Kinder bekommen (Bucher u. a. 2004, S.
126).

---

[12] Das Statistische Bundesamt geht vom bisherigen durchschnittlichen Rentenzutrittsalter von 60 Jahren
aus (vgl. Statistisches Bundesamt 2003, S. 31).
[13] Hierbei muss beachtet werden, dass die Verschiebung des Renteneintrittsalters bspw. auf 65 Jahre
einen enormen Effekt hat (Altenquotient 54,5) (vgl. Statistisches Bundesamt 2003, S. 32).

5. Fazit

In dieser Arbeit wird deutlich wie wichtig die Bevölkerungsvorausberechnungen sind. Nur wenn frühzeitig verlässliche Entwicklungsprognosen zur Verfügung stehen, können rechtzeitig wichtige Schritte zur Problembekämpfung eingeleitet werden. Gerade Politik und Wirtschaft sind von diesen Prognosen abhängig. Die Rentenkassen können langfristig nur ausgeglichen sein, wenn schon vor der tatsächlichen Überalterung der Bevölkerung Lösungen gesucht und auch gefunden werden. Doch dazu muss die Überalterung der Bevölkerung durch Prognosen offensichtlich werden. Gerade statistische Maße sind in diesem Zusammenhang unerlässlich. Sie können die gesamten Vorraussetzungen, wie Gebärfähigkeit, Ehestand, Geschlecht etc., in Maßen zusammenfassen und ermöglichen unter realistischen Annahmen relativ zuverlässige Prognosen. Die Annahmen, die getroffen werden, basieren auf vergangenen Entwicklungen. Somit sind auch diese keineswegs zu vernachlässigen, sondern dienen als wichtige Indikatoren für die Zukunft.

Deutschland hat die typische Entwicklung eines Industriestaates durchlaufen. Bereits zu Beginn des 20. Jahrhunderts fand der erste demographische Übergang statt. Nach dem 2. Weltkrieg folgten dann die Merkmale eines wohlhabenden Industrielandes: sinkende Fertilität, alternde Bevölkerung, steigende Zuwanderungszahlen. Durch die Babyboom-Generation und deren Nachkommen, sowie den positiven Wanderungssaldo stieg die Bevölkerungszahl bis Ende der 191990er Jahre weiter an. Doch seitdem stagniert sie, während die Fertilität bereits seit den 191970er Jahren sinkend ist, mit einer zusammengefassten Geburtenziffer von 1,4 Kindern pro Frau[14]. Für die Zukunft wird eine sinkende Bevölkerungszahl prognostiziert, da auch der positive Wanderungssaldo langfristig diese geringe Geburtenziffer nicht ausgleichen kann. Die Folgen der sinkenden Fertilität nehmen immer weiter zu. Die Bevölkerung Deutschlands wird immer älter und die daraus resultierenden wirtschaftlichen Probleme, insbesondere Rentenprobleme verschärfen sich. Selbst im besten prognostizierten Fall schrumpft die Bevölkerung. Es müssen also Lösungen gefunden werden, um diese Probleme aufzuhalten. Man muss jetzt schon der zukünftigen Entwicklung entgegen arbeiten, da sie unvermeidbar ist. Statistische Prognosen sind viel zu zuverlässig, als dass auf eine andere Entwicklung der Bevölkerungszahlen gehofft werden kann.

---

[14] Dies reicht zur vollständigen Reproduktion einer Generation nicht aus. Hierfür sind 2,1 Kinder pro Frau notwendig.

Literaturverzeichnis

Adelman, Irma (1963): An Econometric Analysis of Population Growth, in: The American Economic Review, Heft 53/3, 1963, S. 314-339

Bähr, Jürgen (1997): Bevölkerungsgeographie, 3. Auflage, Stuttgart

Braun, Carolyn (2005): Überalterung drückt die Renditen, in: Handelsblatt, Nr. 45, 2005, S. 39

Bucher, Hansjörg und Schlömer, Claus und Lackmann, Gregor (2004): Die Bevölkerungsentwicklung in den Kreisen der Bundesrepublik Deutschland zwischen 1990 und 2020, in: Informationen zur Raumentwicklung, Heft 3/4, 2004, S. 107-126

Feichtinger, Gustav (1973): Bevölkerungsstatistik, 1. Auflage, Berlin – Wien

Hess, Dorit (2005): Überalterung gefährdet Wachstumsziele, in: Handelsblatt, Nr. 44, 2005, S. 5

Kort, Katharina (2005): Neue Angebote für die neuen Alten, in: Handelsblatt, Nr. 42, 2005, S. 2

Low, Bobbi S. und Simon, Carl P. und Anderson, Kermyt G. (2003): The Biodemography of Modern Women: Tradeoffs When Resources Become Limiting, in: Rodgers, Joseph L. und Kohler, Hans-Peter (2003): The Biodemography of Human Reproduction and Fertility, 1. Auflage, Norwell - Dordrecht

Mueller, Ulrich (1993): Bevölkerungsstatistik und Bevölkerungsdynamik, 1. Auflage, Berlin – New York

Münz, Rainer und Seifert, Wolfgang und Ulrich, Ralf (1997): Zuwanderung nach Deutschland, 1. Auflage, Frankfurt/Main - New York

Schultz, Paul (1973): Determinants of Fertility: a Micro-economic Model of Choice, in: Coale, Ansley J. (1976): Economic Factors in Population Growth, 1. Auflage, London – New York

Statistisches Bundesamt (2003): Bevölkerung Deutschlands bis 2050, 10. koordinierte Bevölkerungsvorrausberechnung, Wiesbaden

Thum, Marcel und von Weizsäcker, Jakob (2000): Implizite Einkommenssteuer als Messlatte für die aktuellen Rentenreformvorschläge, in: Perspektiven der Wirtschaftspolitik 2000, Heft 1/4, 2000, S. 453-468

Van de Kaa, Dirk J. (1997): Ein halbes Jahrhundert Forschung über die Determinanten der Fertilität – Die Geschichte und Ergebnisse, in: Zeitschrift für Bevölkerungswissenschaft, Jg. 22, 1/1997, S. 3-57

Wood, James W. (1994): Dynamics of Human Reproduction, 1. Auflage, New York